LA BROMIDROSE FÉTIDE
DE LA RACE ALLEMANDE

Der stinkende deutsche Rassenschweiss. — Fœtor germanicus

PAR

Le Dr BÉRILLON

Professeur à l'Ecole de psychologie,
Médecin inspecteur des asiles d'aliénés,
Directeur de la *Revue de psychothérapie*,
Médecin en chef de l'établissement médico-pédagogique de Créteil.

> Au point de vue de la défense de la race,
> l'odorat est encore la sentinelle la plus
> vigilante. Il ne supporte rien, alors que
> l'ouïe et la vue ne sont que trop portées
> à se laisser suborner et illusionner.
>
> Dr BÉRILLON.

Prix : Cinquante centimes.

PARIS

REVUE DE PSYCHOTHÉRAPIE

4, RUE DE CASTELLANE

—

1915

Reproduction autorisée.

Extrait des *Bulletins et Mémoires de la Société de Médecine de Paris*,
SÉANCE DU 23 AVRIL 1915

LA BROMIDROSE FÉTIDE

DE LA RACE ALLEMANDE

Der stinkende deutsche Rassenschweiss. — Foetor germanicus

PAR

Le D' BÉRILLON

Professeur à l'Ecole de psychologie,
Médecin inspecteur des asiles d'aliénés,
Directeur de la *Revue de psychothérapie*,
Médecin en chef de l'établissement médico-pédagogique de Créteil.

> Au point de vue de la défense de la race,
> l'odorat est encore la sentinelle la plus
> vigilante. Il ne supporte rien, alors que
> l'ouïe et la vue ne sont que trop portées
> à se laisser suborner et illusionner.
>
> D' BÉRILLON.

La bromidrose (de βρῶμος, puanteur et ἱδρώς sueur) est une des affections les plus répandues en Allemagne. La preuve de sa fréquence résulte de l'importance qui lui est attribuée dans les Traités spéciaux consacrés aux maladies cutanées. La description la plus complète de la bromidrose généralisée a été faite par Hébra ; c'est lui qui, après en avoir constaté l'extrême fréquence chez les sujets allemands, lui a donné son nom. Il l'attribuait à une exagération de la *materia perspiratoria* due, selon lui, plutôt à l'exagération sudorale qu'à l'altération des produits sécrétés.

Lassar, dans son traité classique, en a fait l'objet d'un de ses chapitres les plus importants. Tous les formulaires allemands contiennent également de nombreuses recettes destinées à atténuer les inconvénients de la sueur fétide et en particulier de la bromidrose plantaire.

Par un contraste saisissant, les traités et les formulaires français n'abordent même pas la question.

Dans le formulaire magistral de Bouchardat, il n'est pas fait mention d'une seule formule contre la sueur fétide des pieds. Le formulaire de Gilbert et Yvon n'en renferme qu'une seule.

La bromidrose localisée à la région plantaire, ou généralisée à toute l'étendue de la surface cutanée, est une affection endémique dans les quatre provinces du Brandebourg, du Mecklembourg, de la Poméranie et de la Prusse orientale. Son intensité varie naturellement avec les variétés atmosphériques, thermiques, alimentaires et hygiéniques ; mais elle y existe à l'état permanent et se retrouve dans toutes les classes de la société. C'est une affection originairement prussienne ; par la diffusion de l'élément prussien et par son mélange avec les autres éléments allemands, elle s'est étendue à toute l'Allemagne.

La famille régnante des Hohenzollern lui a, de tout temps, payé un large tribut. Malgré les précautions de tout ordre auxquelles il a journellement recours, en dépit des formalités, des prescriptions de caractère souvent injustifiable et incompréhensible, dont ses déplacements sont entourés, le chef actuel de cette dynastie n'est pas parvenu à la dissimuler. Elle figure au nombre des tares multiples de dégénérescence dont il est frappé. Il n'est pas arrivé à la soustraire à la perception olfactive, particulièrement indiscrète, de ses familiers. Ces constatations ont, dans le milieu impérial, souvent donné lieu à des allusions du goût le plus douteux.

Par l'existence de cette bromidrose familiale, et par les soins constants qu'elle nécessite, on peut seulement arriver à expliquer une des manies les plus singulières de l'auguste monarque. On sait qu'à l'occasion de chacun de ses séjours dans les villes où il n'y a pas de résidence impériale, les hôtes du kaiser sont tenus de pourvoir, à grands frais, sur les indications de l'architecte de la cour, à la construction d'un cabinet de toilette extrêmement luxueux. Ce *buen retiro* confortable, exclusivement réservé à la personne du kaiser, ne doit avoir qu'une durée très éphémère. Il est condamné à disparaître après la visite impériale ; aussi on comprend qu'un certain nombre de particuliers et de municipalités aient, malgré l'honneur qui leur était fait, reculé devant une dépense jugée trop élevée pour son caractère provisoire.

Dans une circonstance analogue, la ville de Cologne n'hésita pas à construire un cabinet de toilette dont la construction revint à vingt mille marks, et qui ne fut utilisé qu'une seule fois. Plus avisée, la municipalité socialiste de Nuremberg s'en tira à meilleur compte. Sur la proposition d'un édile ingénieux, l'édifice, sous les apparences d'un luxe exagéré, ne revint qu'à deux cents marks, ayant été édifié à grand renfort de stuck et de carton doré.

*
* *

Un grand nombre de médecins français, lorsqu'ils ont eu à soigner des blessés allemands, ont reconnu spontanément qu'une odeur spéciale, très caractéristique, émanait de ces blessés. Tous sont d'accord pour affirmer que cette odeur, par sa fétidité, affecte péniblement l'odorat. En effet, dans un hôpital ou une ambulance, elle est appréciable même lorsqu'il ne s'y trouve qu'un seul blessé allemand. On la perçoit déjà à une certaine distance du lit, et elle vous poursuit lorsqu'on s'en éloigne, parce qu'elle reste fixée sur les vêtements et sur les objets qui ont été en contact avec le malade.

L'enquête que j'ai entreprise sur cette question est venue pleinement confirmer mes impressions personnelles.

Il n'est pas douteux qu'il se dégage des allemands une odeur spécifique, *sui generis*, et que cette odeur est particulièrement fétide, nauséabonde, imprégnante et persistante.

On ne la constate pas seulement chez les sujets blessés ou malades. Elle est également l'apanage de ceux qui sont bien portants. Plusieurs officiers français m'ont déclaré qu'ayant eu à accompagner des détachements de prisonniers allemands ils étaient obligés de détourner la tête tant l'odeur nauséabonde qui se dégageait de ces hommes les incommodait.

Des officiers d'administration, ayant dans leurs attributions de recueillir et de classer les objets trouvés sur les prisonniers, m'ont dit que les billets de banque trouvés sur les allemands étaient imprégnés à un tel point de cette odeur désagréable qu'ils étaient dans la nécessité de les désinfecter. Il en était de même pour les divers papiers et tous les autres objets.

Les exhalaisons fétides qui émanent de tout groupement d'allemands, qu'il soit composé d'éléments civils ou militaires, ont été l'objet de nombreuses constatations. Ainsi, en Alsace, c'est une habitude de dire que lorsqu'un régiment allemand passe, l'odeur nauséabonde qu'il a dégagée ne met pas moins de deux heures à se dissiper. Plusieurs aviateurs m'ont affirmé que lorsqu'ils arrivent au-dessus d'agglomérations allemandes, ils en sont avertis par une odeur dont leurs narines sont affectées, même lorsqu'ils survolent à une très grande hauteur.

Récemment des infirmières m'ont rapporté qu'une de leurs collègues, désignée pour assister à une séance de vaccination de prisonniers allemands, avait rapporté dans ses vêtements l'odeur spécifique de ces hommes et qu'elle l'avait conservée pendant plusieurs heures.

Le chirurgien Bazy me disait il y a quelques jours, à l'Hôpital Beaujon, que, après la guerre de 1870, les casernes dans lesquelles avaient résidé les troupes du corps d'occupation allemande, conservèrent une odeur spéciale, très désagréable. Elle demeura nettement accusée pendant plus de deux ans après le départ des troupes, aucun des procédés de désinfection mis en usage ne parvenant à la neutraliser.

La même constatation d'une odeur nauséabonde et persistante a été faite dans toutes les circonstances ou une troupe de soldats allemands a fait un séjour, même de peu de durée, dans un immeuble ou même en plein air.

Les inconvénients de la bromidrose dont sont affectés les soldats allemands ne sont d'ailleurs pas méconnus par le grand état-major. Des mesures spéciales ont été prescrites pour y remédier. Chaque année, des désinfections générales sont faites au moment des inspections, afin que l'odorat des généraux ne soit pas soumis à une trop rude épreuve. Ces nettoyages sont surtout appliqués avec rigueur au moment de l'incorporation des recrues.

C'est qu'il est fréquemment arrivé que de jeunes soldats allemands aient été suffoqués par l'odeur fétide qui se dégageait des pieds de leurs camarades. Des personnes bien renseignées m'ont assuré que c'était à ce dégoût qu'il fallait attribuer un certain nombre des désertions, si fréquentes. Beaucoup de jeunes alsaciens-lorrains déclarent que, dans les casernes allemandes, leur odorat était continuellement soumis au plus douloureux des supplices. Ceux qui ont eu l'occasion de servir en France ont assuré qu'aucune impression olfactive aussi désagréable ne les avait frappés de ce côté-ci du Rhin.

Cela s'explique par le fait que la bromidrose plantaire figure en France au nombre des cas d'exemption et que ceux, d'ailleurs très rares, qui en sont atteints, sont l'objet d'éliminations très strictement appliquées.

Un préfet qui a suivi les conseils de révision dans les départements de France les plus différents, me disait que malgré la rigueur de ces éliminations, on ne rencontrait pas plus d'un cas d'exemption sur quatre ou cinq mille conscrits. Il se souvient d'ailleurs que la physionomie de ces exemptés se rapportait au type qu'on désigne actuellement sous le nom de type « boche ».

Un alsacien, auprès duquel je me renseignais pour savoir si des exemptions du service militaire étaient faits en Allemagne pour le même motif, me répondit avec humour: « Si on se mettait en Allemagne à exempter les soldats pour cause de puanteur des pieds, il serait absolument impossible de recruter la garde impériale. »

En Alsace, l'épithète couramment employée pour désigner un allemand, à partir de 1870, fut celle de «Stinckstiefel». La traduction littérale de ce mot serait « *pue-bottes* ».

Pendant toute la durée du Moyen-âge, l'expression « puer comme un goth » servit à exprimer l'idée qu'un individu exhalait une mauvaise odeur. Depuis l'annexion, « puer comme un alboche » était devenue la formule par laquelle les Alsaciens-Lorrains exprimaient la même impression olfactive.

Les femmes allemandes ne sont pas sous ce rapport mieux partagées que les hommes. Depuis longtemps la transpiration fétide des pieds m'avait été signalée comme le principal inconvénient résultant de l'emploi des bonnes allemandes si empressées à offrir leurs services dans notre pays. Plusieurs directrices de bureaux de placement m'ont dit que les antichambres dans lesquelles séjournent les domestiques en quête de travail étaient rapidement remplies d'une odeur intenable dès que plusieurs bonnes allemandes s'y trouvaient réunies.

**
*

Dans un travail très documenté sur *les odeurs du corps humain*, et qui fut récompensé en 1885, par le prix biennal à la Société de médecine pratique, le Dr E. Monin a mis en lumière un certain nombre de particularités qui se rattachent aux émanations odorifiques de l'homme, tant à l'état de santé que dans celui de maladie.

Cet ouvrage est le plus documenté qui existe sur cette importante question. Il démontre la valeur clinique des constatations d'ordre olfactif.

L'influence du système nerveux sur l'activité des sécrétions urinaires, alvines, glandulaires et cutanées a été bien étudiée par divers auteurs. La répercussion des états émotifs profonds tels que la peur, la colère, la vanité froissée, l'humiliation, la jalousie sur l'accentuation des odeurs organiques est un fait moins connu. Il n'en est pas moins très réel et j'ai eu la possibilité d'en recueillir de nombreux exemples. Des personnes qui ont eu des allemandes à leur service ont constaté que, malgré des soins de propreté très minutieux, la moindre contrariété avait pour effet de provoquer chez ces personnes des émanations cutanées d'une odeur insupportable.

La mentalité des allemands de tout temps a été caractérisée par un orgueil hypertrophié, une impulsivité et une irritabilité maladives.

Il n'y a donc rien d'étonnant à ce que la bromidrose spéciale à la race s'accentue chaque fois que leur vanité et leur susceptibilité auront été soumises à l'épreuve d'une humiliation ou même d'un simple froissement.

Ainsi s'explique la rougeur dont s'empourpre le visage de leurs officiers sous l'influence de la moindre résistance à leurs ordres ou de la moindre contrariété.

L'allemand, qui n'a pas développé le contrôle de ses impulsions instinctives, n'a pas cultivé davantage la maîtrise de ses réactions vaso-motrices. Par là, il se rapprocherait de ces espèces animales chez lesquelles la peur ou la colère ont

*

pour effet de provoquer l'activité exagérée de glandes à sécrétion mal odorantes.

Dans une étude publiée en 1908, par la *Revue de l'hypno-
tisme*, sous le titre : *Psychologie de l'olfaction*, j'ai indiqué
l'importance du rôle joué par les odeurs spécifiques des di-
verses races sur les affinités des peuples et leurs relations
économiques.

Les antagonismes, si fréquents entre les hommes de race
différente, ont souvent leur cause principale dans des antipa-
thies sensorielles et en particulier dans des impressions d'ordre olfactif.

Les habitants de l'Egypte ancienne se rendaient un compte
exact de l'importance jouée par l'odeur humaine dans les
relations sociales. Le baron Textor de Ravisi, au Congrès des
Orientalistes de 1880, démontra, que les anciens Egyptiens
ne reconnaissaient comme des frères que ceux qui réunis-
saient un certain nombre de conditions et, en particulier,
exhalaient la même odeur qu'eux-mêmes.

Que les allemands exhalent une odeur corporelle différente
de celle des français, cela ne fait aucun doute ; que cette odeur
revête un caractère de fétidité très marqué, cela est démon-
tré par la préoccupation de leurs dermatologistes et par celle
du grand état-major allemand d'en atténuer les effets.

Il n'y a donc rien d'étonnant à ce que les relations des allemands avec les autres populations en ait été quelque peu
influencée. En ce qui me concerne, je ne serais pas éloigné
d'y trouver une des principales causes de l' «isolement» dans
lequel le kaiser se plaignait d'être tenu par les différents peuples de l'Europe.

** **

On ne manquera pas d'objecter que l'odeur des soldats allemands résulte surtout des conditions dans lesquelles ils se
trouvent placés par la guerre. A cela il est facile de répondre
qu'aussi bien dans l'état de paix que dans les périodes de
guerre, l'odeur des allemands présente les mêmes caractères de
fétidité, et j'en ai recueilli d'innombrables preuves. Les faits
suivants tendraient même à prouver que l'alimentation ne
joue aucun rôle dans cette fétidité. Une famille alsacienne,
plusieurs années avant la guerre de 1914, ayant loué un ap-
partement à un officier supérieur ne put, après son départ,
prendre possession des pièces avant de les avoir complète-
ment remises à neuf. Cependant cet officier s'était depuis
longtemps soumis à un régime alimentaire des plus atténués.

Un hôtelier du quartier latin a dû faire désinfecter des
chambres occupées par des étudiants allemands. Leur régime n'était pas différent de celui de ses autres pension-

naires donc l'odeur ne comportait aucune particularité spéciale.

De nombreux faits de bromidrose fétide chez les allemands ont été constatés dans des circonstances analogues. Dans les hôtels de la Riviéra, les chambres qui ont été occupées par des allemands conservent indéfiniment cette odeur spéciale, très pénible pour les odorats sensibles. Elle explique pourquoi les hôtels où descendent les allemands sont délaissés par les voyageurs des autres nationalités. Les imprégnations de cette odeur se retrouvent dans les placards, les armoires, les meubles dans lesquels des vêtements ont été renfermés, mais elle a surtout son lieu d'élection dans les tables de nuit.

Cette particularité, comme me le faisait remarquer M. le professeur Albert Robin, s'explique parfaitement par ce que nous savons de la composition générale de l'urine allemande. Les traités spéciaux sur la question indiquent que la proportion d'azote non uréique s'élève en Allemagne à 20 %, alors qu'elle n'est que de 15 % dans les autres pays. Alors qu'en France le coefficient d'utilisation azotée s'élève à 85 %, s'éliminant sous forme d'urée, chez les allemands le coefficient s'abaisse et n'est en moyenne que de 80 %.

Le coefficient urotoxique est donc chez les allemands au moins d'un quart plus élevé que chez les Français. Cela veut dire que si 45 centimètres cubes d'urine française sont nécessaires, pour tuer un kilogramme de cobaye ; le même résultat sera obtenu avec environ 30 centimètres cubes d'urine allemande.

Si l'odeur des excrétions sudorales imprègne déjà si fortement les armoires où ont été suspendus des vêtements portés par les allemands, il ne faut pas s'étonner que les tables de nuit où leur urine a séjourné soit si fortement imprégnée d'une odeur véritablement nauséabonde.

L'odeur des allemands n'est donc pas spéciale aux gens de guerre. Elle existe également dans le civil. Il n'en pourra être autrement tant que les soldats, comme on l'a dit plaisamment, seront recrutés dans le civil.

*
* *

L'odeur de la race allemande présente des caractères si particuliers que lorsqu'on l'a une fois perçue, elle reste définitivement gravée dans la mémoire sensorielle. C'est par elle qu'il fut permis de dépister, quelques semaines avant la guerre, un employé allemand qui sous le couvert de la qualité d'alsacien-lorrain s'était fait admettre à l'Etablissement médico-pédagogique de Créteil.

Il s'agit donc d'une odeur de race, identique à elle-même,

qu'on retrouve chez la grande majorité des individus allemands. Cette odeur, par l'effet des soins de propreté, de pra-
tiques d'hygiène spéciale, de l'usage de désinfectants, est
moins appréciable dans les classes riches ou aisées; elle n'en
est pas moins sensible pour un odorat délicat.

Elle n'est pas particulièrement liée à la couleur des poils.
Elle émane des individus bruns aussi bien que des blonds
roux.

Une différence sensible existe cependant entre les émanations des uns et des autres. Tandis que chez les bruns, un
examen attentif rappelle l'odeur du boudin dans lequel on
aurait incorporé de l'encens ou du musc, chez les blonds, on
perçoit l'odeur de la graisse rance, avec les senteurs aigres
qui se révèlent à l'approche des fabriques de chandelles.

L'impression ressentie est exprimée d'une manière différente par les observateurs. Les uns disent que l'odeur de
l'allemand est analogue à celle qui se dégage des clapiers de
lapins. D'autres la comparent à un relent de ménagerie mal
tenue, pendant l'été. Il en est aussi qui se rattachent à l'odeur
aigrelette des fermentations lactiques, de la bière répandue
sur le sol, de barils ayant renfermé des salaisons, du petit
salé. J'ai entendu exprimer l'opinion que l'odeur exhalée par
les allemands est analogue à celle qu'on perçoit chez un
grand nombre de vieillards arrivés à la période de la décré-
pitude. Faudrait-il en conclure que la race allemande est
arrivée à la vieillesse ?

Il s'agit en réalité, d'une odeur composite, de laquelle un
odorat exercé pourrait seul dégager les éléments disparates.

Au premier rang de ces éléments constitutifs de l'odeur
allemande, je puis indiquer :

1o L'*odeur hircinique* qui émane des aisselles et a reçu son
nom de l'analogie qu'elle présente avec l'odeur du bouc. Elle
tendrait à prédominer chez les Bavarois et les Allemands du
Sud ;

2o L'*odeur butyrique*, dont le siège d'élection se trouve dans
les interstices des doigts des pieds et qui est en rapport avec
le tempérament, le développement graisseux et le tempérament lymphatique d'un grand nombre d'individus de race
allemande.

Elle est assurément plus accentuée chez les allemands du
Nord et chez les Prussiens ;

3o L'*odeur spermatique*, qui s'explique par l'aptitude bien
connue des allemands à jouer le rôle d'animal reproducteur.
L'odeur spermatique dont est imprégnée la chair des animaux
reproducteurs est une des causes pour lesquelles il est souvent
difficile de la livrer à la consommation. Or, la sécrétion des

glandes séminales est douée d'une activité particulièrement intensive chez les allemands ;

4° L'*odeur de scatol*, en rapport avec la production excrémentitielle vraiment prodigieuse des allemands. Les quantités de matières fécales laissées dans tous les endroits où des Allemands ont établi leurs cantonnements dépasse tout ce qu'on peut imaginer.

Dans des conditions identiques de nombre et de séjour, la proportion des résidus d'évacuations fécales des Allemands s'élève à plus du double de celle des français.

D'importantes constatations ont été faites à ce sujet dans de nombreux pays. Je mentionnerai seulement ce cas particulier. Dans les usines des papeteries de Chenevières, en Meurthe-et-Moselle, cinq cents cavaliers allemands ont résidé pendant trois semaines. Ils y ont absorbé des quantités énormes de victuailles de toutes sortes.

La conséquence en a été qu'ils ont encombré de leurs déjections toutes les salles de l'usine. Une équipe d'ouvriers a mis une semaine pour retirer de l'usine *trente mille kilos* de matières fécales. Les dépenses de cet enlèvement se sont élevées à un prix très élevé. L'amas de ces déjections a été photographié, il s'élève à une hauteur à peine croyable.

5° Les *odeurs ammoniacales*. A la Société de Médecine de Paris, nous avons entendu une importante communication de notre collègue le Dr A. Courtade sur la toxicité des émanations ammoniacales exhalées par l'haleine humaine. Les odeurs ammoniacales jouent assurément un rôle considérable dans la constitution de l'odeur des allemands. Il en est de même de certains *éthers* résultant de l'assimilation incomplète des ingesta alimentaires.

Il convient d'ajouter aux odeurs précédentes celle qui provient de la *séborrhée du cuir chevelu*, si fréquente chez les allemands, séborrhée dont l'activité ne peut qu'être entretenue par l'usage du casque à pointe, cette coiffure aussi anti-hygiénique qu'inesthétique, dont le principal inconvénient résulte de son imperméabilité.

*
* *

De mes recherches sur la question de l'odeur de la race allemande, je suis arrivé à la conclusion qu'il s'agit non d'une odeur due à des conditions spéciales d'hygiène ou d'alimention, mais d'une odeur spécifique de race. Cette odeur aurait son origine dans l'influence particulière du sol, ce serait en quelque sorte une odeur de *terroir*. Cette opinion devient encore plus plausible si l'on considère que les animaux qui en Allemagne vivent à l'état sauvage, présentent une constitution organique très différente des animaux vivant en France dans les mêmes conditions.

Il y a une très grande différence entre la chair et le fumet des lièvres allemands et ceux des lièvres français. Il en est de même des chevreuils et des cerfs. Cela est tellement connu des gourmets que le gibier allemand est systématiquement exclu des maisons de premier ordre.

Les modifications imprimées par le sol sur les races animales s'étendent également à l'espèce humaine. Déjà, on avait été frappé du fait que certaines races sont plus sensibles à certaines maladies infectieuses. Velpeau expliquait la faiblesse de résistance de certaines races aux conséquences des opérations chirurgicales en disant : « La chair du noir n'est pas celle du blanc. Leur chair est autre. » Nous répéterons : « La chair de l'allemand n'est pas celle du français ; elle est autre. » A beaucoup d'indices nous serions tentés de considérer qu'au point de vue physique et mental, il y aurait même plus de différence entre un français et un allemand, qu'il n'y en a entre un blanc et un nègre.

*
* *

Si des émanations cutanées des individus de race allemande se dégage une telle impression de fétidité, de décomposition organique, cela tient à une transformation héréditaire de leur chimisme organique.

La densité, c'est-à-dire le rapport de la masse à son volume n'est assurément pas la même chez le français que chez l'allemand. Le poids spécifique des individus de race française est certainement notablement supérieur à celle de ceux de race allemande.

L'expérience d'Archimède appliquée aux uns et aux autres en donnerait immédiatement la démonstration absolue.

La prédominance du tempérament lymphatique chez les Allemands, la mollesse générale de leurs tissus, leur tendance à la prolifération adipeuse peut apporter d'utiles explications des particularités mal odorantes de leur race.

Les réactions de la matière vivante, à tous leurs degrés de complexité et dans toutes leurs manifestations ne sont, comme l'enseignait Claude Bernard, que celles de combinaisons chimiques élémentaires constituant la substance même de ces organismes. Les conditions d'existence résultant de la constitution du sol, des habitudes alimentaires dérivées de ses produits, les influences du climat, le rythme moteur spécial à la constitution organique des ancêtres, les habitudes mentales entretenues et cultivées par les coutumes et les traditions, ont, par hérédité, constitué en Allemagne une race douée de réactions chimiques particulières.

La principale particularité organique de l'Allemand actuel c'est qu'impuissant à amener par sa fonction rénale surmenée l'élimination des éléments uriques, il y ajoute la sudation plantaire. Cette conception peut s'exprimer en disant que l'Allemand *urine par les pieds*. C'est, en effet, en partie à l'usage des bottes, si répandu dans la nation allemande, qu'il faut reporter l'origine de la prolifération et de l'hypersécrétion des glandes sudorifiques de la région plantaire. Cette hypersécrétion, cultivée pendant de longs siècles, a fini par se transformer, par l'hérédité, sous l'influence de la prédisposition lympathique, en caractère fixe, c'est-à-dire en un caractère de race.

Au point de vue du retentissement de l'alimentation sur l'organisme de ses compatriotes, Nietzsche ne disait-il pas : « Si l'on considère la cuisine allemande dans son ensemble, que de choses elle a sur la conscience : les légumes rendus gras et farineux, l'entremets dégénéré au point qu'il devient un véritable presse-papier! Si l'on y ajoute encore le besoin véritablement animal de boire après le repas, en usage chez les vieux Allemands, et non pas seulement chez les Allemands *vieux*, on comprendra ainsi l'origine de l'esprit allemand, de cet esprit qui vient des intestins affligés. *L'esprit allemand est une indigestion, il n'arrive à en finir avec rien.* »

De ce que pensait Nietzsche de l'influence de l'alimentation sur la lourdeur d'esprit des Allemands, on peut légitimement déduire des conséquences analogues dans le domaine organique. A la longue, par le ralentissement des échanges et par l'encombrement des voies d'évacuation, par le retard apporté dans l'élimination des produits toxiques, s'explique la constitution physico-chimique d'où résulte l'odeur spécifique des Allemands.

**

La sélection et l'hérédité ayant pour effet de réaliser non seulement la fixité, mais encore l'accentuation des caractères acquis, il est vraisemblable que les conditions organiques desquelles procèdent ces exhalaisons ne pourront que s'aggraver. C'est qu'à la « Kultur intellectuelle » dont ils sont si fiers, correspond une « Kultur animale » dont les Allemands ont paru jusqu'ici tirer moins de vanité.

Il est possible que les Allemands objectent que notre appréciation objective à l'égard de leur odeur spécifique leur paraît inspirée de quelque partialité subjective.

A cela il me sera facile de répondre par la citation d'un

des proverbes les plus usités dans les milieux populaires allemands : « Chacun ici trouve que son excrément ne sent pas mauvais » : « *Eigener Dreck stinckt nicht.* »

En dotant les corps et les individus nuisibles d'odeurs capables de nous avertir de leur présence, la nature a eu pour but de pourvoir à notre sécurité. Ne pas tenir compte de ses avertissements serait le témoignage d'une dégénérescence de l'instinct de conservation. Si, comme le disait H. Cloquet, l'odorat est à la fois l'organe de l'instinct et de la sympathie, ne soyons pas surpris si les hommes doués d'un « flair » normal n'accordent leur confiance qu'à ceux dont l'odeur ne leur inspire ni dégoût ni antipathie.

La bromidrose fétide des allemands peut donc, à elle seule, et à défaut de tout autre grief, justifier la défiance instinctive dont elle a toujours été l'objet de la part d'un si grand nombre d'humains.

CLERMONT (OISE). — IMP. DAIX ET THIRON
Thiron et Franjou Succrs.